第三辑

纳唐科学问答系列

宇 宙

[法] 德尔芬·格林贝格 著

[法] 让–弗朗索瓦·珀尼舒 绘

杨晓梅 译

吉林科学技术出版社

L'ESPACE
ISBN：978-2-09-255174-5
Text: Delphine Grinberg
Illustrations: Jean-Francois Penichoux
Copyright © Editions Nathan, 2014
Simplified Chinese edition © Jilin Science & Technology Publishing House 2021
Simplified Chinese edition arranged through Jack and Bean company
All Rights Reserved

吉林省版权局著作合同登记号：
图字　07-2020-0053

图书在版编目（CIP）数据

宇宙 ／（法）德尔芬·格林贝格著 ；杨晓梅译. --
长春：吉林科学技术出版社，2023.7
　（纳唐科学问答系列）
　ISBN 978-7-5744-0602-5

　Ⅰ. ①宇… Ⅱ. ①德… ②杨… Ⅲ. ①宇宙—儿童读
物 Ⅳ. ①P159-49

中国国家版本馆CIP数据核字(2023)第129863号

纳唐科学问答系列　宇宙
NATANG KEXUE WENDA XILIE YUZHOU

著　　者	[法]德尔芬·格林贝格
绘　　者	[法]让-弗朗索瓦·珀尼舒
译　　者	杨晓梅
出 版 人	宛　霞
责任编辑	赵渤婷
封面设计	长春美印图文设计有限公司
制　　版	长春美印图文设计有限公司
幅面尺寸	226 mm×240 mm
开　　本	16
印　　张	2
页　　数	32
字　　数	25千字
印　　数	1-6 000册
版　　次	2023年8月第1版
印　　次	2023年8月第1次印刷

出　　版	吉林科学技术出版社
发　　行	吉林科学技术出版社
地　　址	长春市福祉大路5788号
邮　　编	130118

发行部电话/传真　0431-81629529　81629530　81629531
　　　　　　　　　　81629532　81629533　81629534
储运部电话　0431-86059116
编辑部电话　0431-81629520
印　　刷　吉林省吉广国际广告股份有限公司

书　　号　ISBN 978-7-5744-0602-5
定　　价　35.00元

目录

夜晚的天空

当太阳落下，广袤的夜空中，一颗颗星星亮起，这些星星中绝大部分是恒星。如果夜空晴朗，我们抬头就可以观察到另一个神奇又美丽的世界。

流星也是星星吗？

不是，它们是流星体，可见的流星体与砂砾差不多大小，重量在1克以下。它们进入地球大气层的速度很快，所以基本在穿越大气层时就燃烧尽了。

我们可以去其他星星上吗？

不可以，它们很远很远，而且温度不适宜人类生存！太阳是最近的恒星，距离我们约1.5亿千米！

为什么月亮会发光？

月亮本身不发光，只反射太阳光。如果没有太阳，那么我们是无法看见月亮的。

为什么星星会发光？

有的星星自身会发光，例如恒星太阳；有的星星本身不发光，但会反射其他恒星的光；还有彗星经过太阳系被部分熔化发出的光。

在图中找一找！

灯塔

流星

天文望远镜

月球上的人

经过漫长的太空航行后，宇航员们终于到达了月球。他们在这里做实验、拍照、采集样本……一切行动都是为了更好地研究这颗星球。

月球上有什么？

只有石头与灰尘。这里没有空气，没有动物，没有雨，没有风。一切都是灰色的，很寂静。

月球上是冷还是热？

又冷又热！没有阳光的地方很冷，有阳光的地方很热，温度在-180到130摄氏度之间。

宇航员在月球上如何移动？

宇航员们可以步行，也可以开月球车。在月球上，人们可以毫不费力地跳跃，因为月球引力仅为地球引力的六分之一。

为什么地球缺了一小半？

并非如此！从月球上看地球，只能看到被太阳照亮的一半。另一半藏在阴影中，无法被看见。

宇航员们如何呼吸？

宇航员的宇航服里储存了氧气。有了宇航服，他们才不怕冷、不怕热、不怕宇宙射线，还可以与同伴交流。

在图中找一找！

宇航员

碟形天线

月球探测器

从宇宙看地球

这颗美丽缤纷的星球是人类与其他生物共同的家园。这颗蓝色星球孕育着无数生命。

为什么地球又被称为"蓝色星球"？

因为地球表面的一大半面积都覆盖着一种对生命十分珍贵的液体：水。在太空中遥望地球，它是蓝色的。

地球一直存在吗？

不是的。最开始只是一些灰尘、气体、石头碰到了一起，破碎后再融合，最后形成了一个巨大的球体，就是我们的地球。

为什么地球是球形的？

由于引力的向心作用，使宇宙中大部分天体都是球形的，地球也不例外。

地球公转的速度是多少？

地球以平均29.8千米/秒的速度围着太阳转动。地球上所有的物体都在同时转动，所以我们才感觉不到。

地球另一边的人们是脑袋朝下吗？

不是的，宇宙中没有上下之分。无论哪个国家的人，头顶天，脚踩地。

在图中找一找！

格陵兰岛

月球

意大利

一切都在转啊转

宇宙中所有的恒星与行星都在旋转，一秒也不停歇。不过它们可不是胡乱地转动，规律地转动才产生了年月日、白天与黑夜。

地球是如何自转的？

地球自转一圈约是24小时，即一天。同时，它也会围绕着太阳转一个大圈，即一年。

为什么地球上有白天和黑夜？

当地球自转时，太阳光照射到的地方很亮，是白天；太阳光照射不到的阴影处是黑夜。

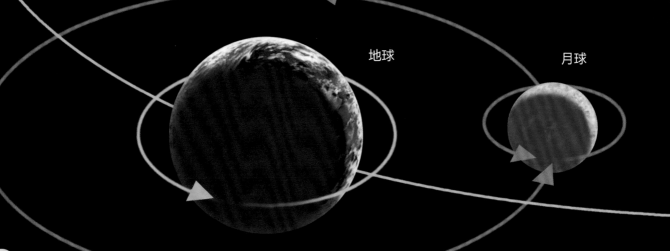

地球

月球

地球可以停止转动吗？

不可以。在真空中，一旦运动开始，就不会停下，因为没有任何阻力。

太阳

太阳也会转动吗？

会，太阳自转一圈大约要25.05天。同时，它还带着整个太阳系一起围绕银河系转动，一圈要花2.5亿年！

月球如何转动？

月球转动有3种类型：缓慢自转，一圈需要约27.32天；绕地球转动，一圈需要约27.32天；同时它还随着地球一起围绕太阳转动。

在图中找一找！

地球一年的前进路径

太阳，我们的恒星

太阳是太阳系中唯一一颗恒星，没有它，地球上就没有生命。需要注意的是不能一直盯着太阳看，不然眼睛会受伤！

太阳是个大火球吗？

不是。它是一团气体，通过核聚变的方式向太空释放光和热。太阳已经闪耀了40多亿年。

太阳会喷火吗？

不会，我们有时会看到气体喷出，还有太阳耀斑和日珥。日珥会在太阳表面形成一座"巨型拱桥"。

我们可以在太阳上行走吗？

不可以！环绕太阳的日冕温度为100万摄氏度。另外，太阳只是气体。

还有类似太阳的其他星球吗？

有许多！数量以"亿"为单位！夜空上闪烁的大部分星星几乎都是恒星，是燃烧的巨大气态球体。虽然看上去很小，那是因为它们距离地球太远了。

太阳有熄灭的一天吗？

有，不过现在我们不用担心。太阳熄灭的那天不会是明天，也不会是1000年后。太阳现有的燃料还可以继续燃烧50亿年。

在图中找一找！

耀斑

日珥

太阳系

太阳系的中心天体是太阳。8颗行星围绕着太阳规律地转动，每颗行星都有自己的轨道。不过最初的最初，一切可没这么井然有序！

海王星

为什么太阳在中心？

因为太阳的质量是最大的，占太阳系总质量的99.86%。在宇宙中，行星围绕着恒星转动。

太阳系中有哪颗行星与地球相似吗？

太阳系中与地球构造相似的行星称为"类地行星"，有水星、火星和金星。

金星

水星

月球

地球

木星

我们可以登上木星吗？

不可以，这颗太阳系的最大行星没有可以明确界定的固体表面。

天王星

火星

行星会相撞吗？

现在不会了。不过很长一段时间以前，这些行星只是一些石头，互相撞击，有的爆炸了，有的结合到了一起。

土星

土星环是什么？

是灰尘、石头与冰块。研究人员发现它们常常互相撞击。

在图中找一找！

月球

火星

彗星

探索火星

长久以来，人们一直想知道火星上是否有生命存在。因为去火星实在太难了，所以科学家们发射了装有照相机与其他设备的机器人，用它们来探索火星。

火星上有什么？

我们已经发现了死火山、陨石坑、石头与冰。火星是一片寒冷的沙漠，平均温度为零下50摄氏度。

探测器可以干什么？

寻找水的痕迹，拍照，分析岩石成分……还可以与围绕火星的其他探测器交换信息。

到达火星要多长时间？

探测器需要超过6个月才能完成地球与火星之间的5亿千米旅途。

我们可以定居火星吗？

很困难。火星上没有植物，没有动物，也没有空气。不穿宇航服的话，人类无法生存。

真的有火星人吗？

科幻片中常出现的火星人并不存在。科学家们正在探索火星上是否有生命存在过。

在图中找一找！

摄像机

石头

起落架

15

神秘的金星

金星在夜空中的亮度仅次于月亮。在中国古代，金星被称为"太白"，早晨出现在东方被称为"启明"，晚上出现于西方被称为"长庚"。

我们可以去金星吗？

不行。金星的超厚大气层的主要成分是二氧化碳，大气压是地球的93倍。

金星上有外星人吗？

以现有的探测结果来看，没有。100年前，人们曾幻想金星是宜居星球，厚厚的云层下藏着许多外星生物。

金星上下雨吗？

下雨，是腐蚀性很强的酸雨。金星的大气层有股臭鸡蛋的气味。大气层十分厚，所以这里只有黑夜，没有白天。

金星上的天气如何？

这里热极了，金星表面温度超过400摄氏度。超厚的二氧化碳大气层留住了热气。与最靠近太阳的水星相比，金星的温度更高，是太阳系中最热的行星。

金星如何转动？

金星的自转周期为243天，是八大行星中最慢的。另外，它转动的方向与其他行星正好相反。

在图中找一找！

闪电

火山爆发

岩石

星系之旅

地球是银河系大家庭中的一员。银河系中有许许多多的恒星与行星。我们的太阳只是银河系中亿万颗恒星之一。

地球在哪里？

地球、太阳与月球都在银河系的一条螺旋臂上。

地球

为什么星系中心如此闪耀？

光不是来自某一颗巨大的恒星，而是由亿万颗恒星共同发出的。中间是一个超大质量的致密天体或是黑洞。

我们是银河系唯一的智慧生命吗？

在银河系的众多星体中，也许存在与地球类似的其他行星。科学家们正在寻找。不过即便它们存在，也离地球非常遥远。

宇宙里有多少颗恒星？

在银河系，恒星数量就超过1000亿颗，而宇宙中还有数以亿计的其他星系。

宇宙是无限大的吗？

目前人类能够探测到的宇宙直径是930亿光年，宇宙年龄约是138亿年。而且宇宙在不断膨胀，我们不知道它的外面是什么。也许还有其他的宇宙……真的很难想象！

在图中找一找！

椭圆星系

螺旋星系

向宇宙出发

要把人类或卫星送入太空，就需要装满燃料、动力强大的火箭。火箭的发射过程非常复杂，绝不能出错。3、2、1……点火！发射！

火箭里有什么？

储存了许多燃料，占据了火箭的大部分空间。人或卫星在火箭的最顶部，受到整流罩的保护。

为什么火箭发射时有火和浓烟？

因为要燃烧大量的燃料产生巨大的推动力，才能让沉重的火箭飞上天空。

火箭前进的速度很快吗？

起飞的速度不快，不过为了飞离地球，它必须不断加速，直到达到11千米/秒。

"开"火箭的是谁？

在起飞阶段，火箭完全由电脑控制。如果发生问题，则交给宇航员来操控。

在图中找一找！

铁塔式避雷针

整流罩

宇宙空间站

来自不同国家的宇航员在宇宙空间站这间巨大的实验室里工作、生活。倒立着或坐在天花板上都再正常不过！这里没有白天与黑夜之分。

宇航员们每天都要干吗？

宇航员要做实验，扩大或维修空间站。闲下来时，他们会透过舷窗看一看宇宙。

宇航员都是飘浮在空中的吗？

宇航员好像浮在水里一样。不过，空间站前进的速度非常快，90分钟就能绕地球一圈。

为什么宇航员还要骑自行车？

宇航员必须多做运动，才能保证身体健康。不然的话，肌肉会萎缩，血液循环会不畅通，骨头也会软化。

为什么宇航员在空间站里不用穿宇航服？

　　没有必要，因为空间站里既不冷，又有充足的氧气。如果需要出空间站，就一定要穿上宇航服来保护自己了。

为什么连一颗螺丝钉都可能造成危险？

　　空间站的运动速度是7.8千米/秒。一颗螺丝钉撞上去，都可能击穿金属或舷窗。遗弃在太空中的垃圾很可能导致严重的后果。

在图中找一找！

鞋子

耳机

笔记本电脑

假如火箭靠近黑洞会发生什么？

首先会感觉到火箭的速度变慢，然后被吸入，突然间四分五裂。黑洞里会发生什么，目前还是一个谜。

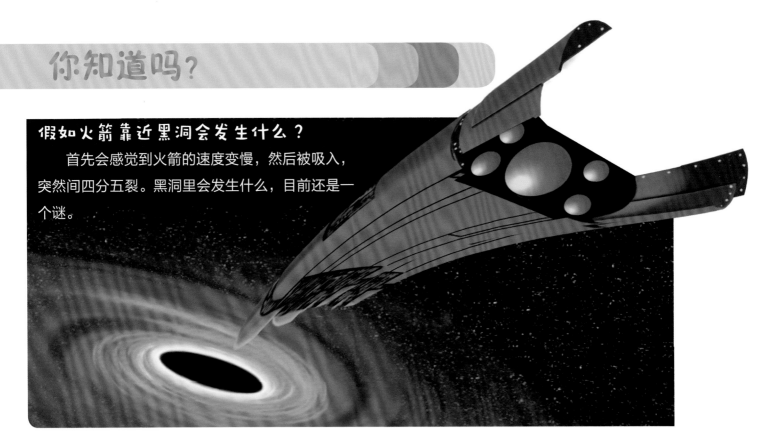

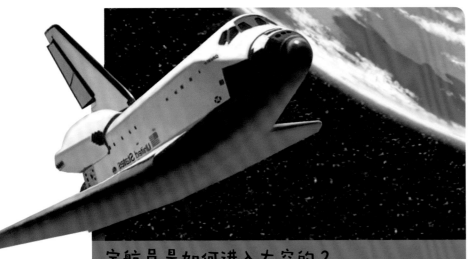

宇航员是如何进入太空的？

宇航员要么在火箭的最顶部，要么乘坐宇宙飞船。火箭将宇宙飞船送入太空，飞船可以像大型飞机一样飞行，再返回地球。飞船可以飞行数次，与火箭不同，火箭只能飞行一次。

有动物进入过太空吗？

有。一只猴子、几条狗、一只老鼠都曾乘坐火箭进入太空。多亏了它们，我们才知道人类可以在太空中存活。不过，第一个进入太空的小狗莱卡没有活着回到地球。

地球曾经被大陨石撞到过吗？

是的，不过撞击事件非常罕见。科学家们在地球上发现了一个直径10千米的陨石坑，并推测此次撞击引起了大范围的火灾，灰尘遮住了太阳。很长时间，地球上一片黑暗，这也许正是恐龙灭绝的原因。

第一个进入太空的人是谁？

是苏联宇航员尤里·加加林。1961年，他成为了全人类的英雄，是历史上第一个乘坐火箭绕地球一周的人。

宇宙是如何诞生的？

最初，宇宙炙热又紧密。突然，它迅速、猛烈地展开，这就是大爆炸事件。接着，宇宙的温度下降，出现了恒星，然后出现行星。它们组成了各种星系。

什么是星座？

是天上一群以地心为中心，投影位置相近的恒星组合。国际天文学联合会将天空精确划分为88个星座。

大熊星座

如何观察星星？

漫长的岁月里，人类曾经只能凭借肉眼来探索天空的秘密。后来，人们发明了强大的工具，可以看到宇宙更远的位置。

天文台

空间望远镜

为什么月亮有斑点？

很久以前，月亮被许多陨石撞击过。这些暗斑是撞击后留下的陨石坑，后来被熔岩填满。它们也叫"环形山"。

有多少人登上过月球？

12名宇航员。很多年后，他们留下的脚印也不会消失，因为月球上无风也无雨。

大气层有多厚？

　　大气层的厚度约在1000千米以上，分为5层，从内到外依次为：对流层、平流层、中间层、热层和外逸层。分层没有明显界限。

地球内部是什么？

　　地球中心是由金属元素构成的。自内向外依次是地核、地幔和地壳。

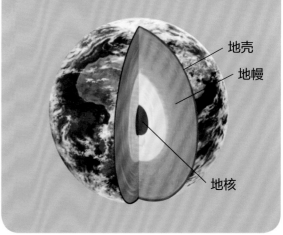

地壳

地幔

地核

月亮的形状真的会变吗？

　　不会，只是我们看到的形状不同。因为月亮靠反射太阳光发亮，它与太阳的相对位置不同，所以在一个月中呈现出不同的形状。

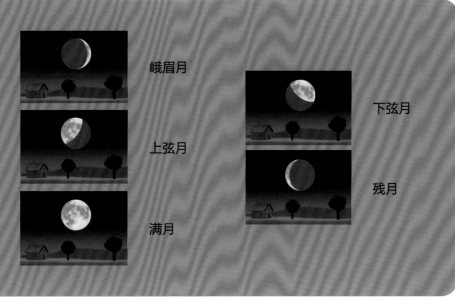

峨眉月

上弦月

满月

下弦月

残月

太阳有多大？

　　和地球相比，太阳很大很大，太阳可以容纳100万个地球。不过与参宿四相比，太阳很小很小（差几亿倍）。

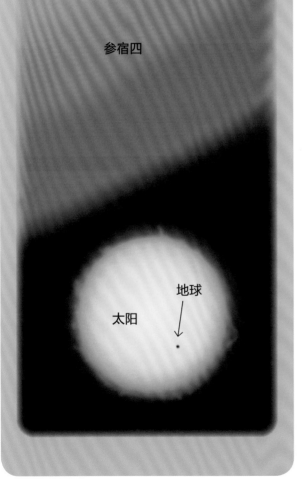

参宿四

太阳

地球

恒星与行星的区别是什么？

　　质量不同，恒星质量比行星大得多；位置变化不同，恒星几乎不动；发光体不同，行星自身不发光。

彗星与陨石的区别是什么？

　　彗星是由冰与不易熔解的物质组成的，带着一条"尾巴"，围绕着太阳转动。陨石是从太空中落到地球上的石头。

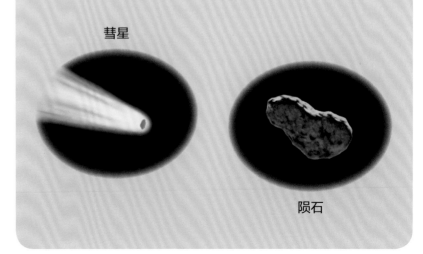

彗星

陨石

为什么火星又叫"红色星球"?

因为火星的地表被氧化铁覆盖。氧化铁的颜色是红色。

火星也有卫星吗?

有两颗。火卫一与火卫二。它们围绕着火星转动,正如月球围绕着地球转动。

火卫二

火卫一

为什么有人说金星是地球的"双子星"?

因为两颗行星的大小相近,诞生时间也差不多。在两颗星球上,都有高山、平原。不过,共同点也就这么多了。

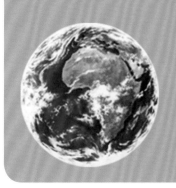

为什么金星又叫"牧羊人的星星"?

在古代,金星作为夜空中第一颗亮起、最后一颗熄灭的星星,一直是牧羊人的向导。因此,那时的人们以为金星是一颗恒星。这是错误的,金星是行星。

为什么银河系在古代欧洲被称为"乳之路"？

在漆黑的夜晚，我们可以在空中看到一条长长的"线"，好像牛奶在杯子上留下的痕迹，因此古希腊人为之取名"乳之路"。

所有星系的形状都一样吗？

不是的，分为3大类。

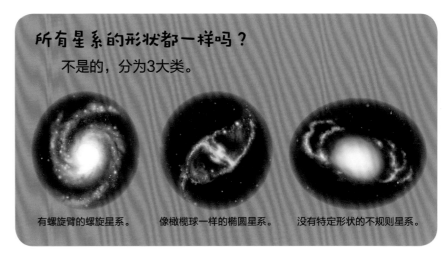

有螺旋臂的螺旋星系。　　像橄榄球一样的椭圆星系。　　没有特定形状的不规则星系。

为什么人们要发射火箭？

主要是为了把卫星送入轨道。有了卫星，人们才可以打电话、看电视，更好地认识地球与宇宙。

火箭起飞之后会发生什么？

火箭在不断升高的过程中会逐渐抛弃不需要的部分，减轻自身的重量，包括发动机、燃料等，这些部分在掉入大气层时会着火，最后坠入海洋或留在大气层中。

宇航员如何喝水？

不用杯子。在太空中，水会呈球状，随处飘浮。宇航员可以像摘樱桃一样把水一口"吞"掉，不过用吸管会更方便。